Bibliografische Information der Deutschen Nationalbibliothek:

Die Deutsche Bibliothek verzeichnet diese Publikation in der Deutschen National-
bibliografie; detaillierte bibliografische Daten sind im Internet über http://dnb.d-
nb.de/ abrufbar.

Impressum:

Copyright © 2003 GRIN Verlag, Open Publishing GmbH
Druck und Bindung: Books on Demand GmbH, Norderstedt Germany
ISBN: 9783640584710

Dieses Buch bei GRIN:

http://www.grin.com/de/e-book/147762/alfred-russel-wallace-und-die-entstehung-
der-modernen-selektionstheorie

Stefanie Hanau

Alfred Russel Wallace und die Entstehung der modernen Selektionstheorie

GRIN Verlag

Alfred Russel Wallace und die Entstehung der modernen Selektionstheorie

von Stefanie P.

Inhalt:

0. Vorwort   4

1. Einführung   6

2. Vergleich der Hypothesen von Wallace und Darwin   8

3. Warum Wallace als Begründer der Evolutionstheorie in Vergessenheit geriet   20

4. Zusammenfassung   29

Literatur   31

Alfred Russel Wallace und die Entstehung der modernen Selektionstheorie

Vorwort

Mit dem Begriff der Evolutionstheorie (und als Teil davon der Selektionstheorie) verbinden die meisten von uns unweigerlich den Namen eines Mannes: Charles Robert Darwin; Anhänger "seiner" Theorie werden als "Darwinisten" bezeichnet. Die wenigsten fachlich Interessierten wissen jedoch, daß die sogenannte Evolutionstheorie gleichzeitig beinahe unabhängig voneinander (wenn auch auf den gleichen Vorarbeiten aufbauend) von zwei sehr verschiedenen Männern entwickelt wurde. Lediglich einer dieser Namen taucht regelmäßig im Zusammenhang mit dem Begriff "Evolution" auf, der andere wird, wenn überhaupt, höchstens in einem Nebensatz erwähnt: Alfred Russel Wallace ist der wissenschaftlichen Welt, und noch viel mehr der Allgemeinheit, zumindest in diesem Zusammenhang so gut wie unbekannt.

Auf der Suche nach den Gründen für dieses Mißverhältnis bieten sich viele Erklärungsversuche an, unter anderem von "Experten" auf dem Gebiet der Evolutionsbiologie: Darwin sei "das freilich größere Genie" (Storch, V., Welsch, U., Wink, M.: "Evolutionsbiologie", Springer, Heidelberg, 2001; S. 19), und dies vor allem aufgrund einer erdrückenden Anzahl von in seinem 1859 erschienenen Werk "*Über die Entstehung der Arten...*" aufgelisteten Beweisen, doch wird hier vergessen, daß diese Arbeit erst anderthalb Jahre nach der Erstveröffentlichung der Evolutionstheorien erschien und wesentliche Teile daraus dem Werk Wallaces verdankt.

Trotz der sehr unterschiedlichen Bildungs- und Lebenshintergründe der beiden Männer ähneln sich ihre Thesen in verblüffendem Maße, wenn sie auch nicht völlig übereinstimmen. Im ersten Abschnitt soll daher ein Vergleich vorgenommen werden, um zu klären, ob möglicherweise inhaltliche Unterschiede die ungleiche Behandlung dieser Wissenschaftler begründen können.

Der zweite Abschnitt behandelt die historischen Ereignisse vor und nach der geschichtsträchtigen Verlesung beider Aufsätze vor der Linne´schen Gesellschaft am 01. Juli 1858, die dazu beigetragen haben, daß Wallace als Urheber der Evolutionstheorie in Vergessenheit geriet.

Schließlich soll untersucht werden, welche persönlichen Gründe diese für Wallace so unbefriedigende Entwicklung begünstigten.

Es wurde Wert darauf gelegt, möglichst viel Primärliteratur zu verwenden, da die Wissenschaftsgeschichte bekanntlich - und besonders in diesem Fall- zu Verzerrungen neigt: nicht nur wird Darwin in fast allen Lehr- und Schulbüchern zum Thema Evolutionsbiologie als der Begründer der modernen Selektionstheorie gefeiert, zum Teil muten die Huldigungen Darwins durch renommierte Wissenschaftler schon wie glorifizierender Personenkult an, wie im Nachwort zum Reclam-Nachdruck der "*Entstehung der Arten*" nachzulesen: "*Mit der ehrwürdigen Gestalt Charles Robert Darwins ... ging ein ethisch hochbedeutender Mensch von uns, der eine wahre Humanitas verkörperte. Er war von unbestechlicher Ehrlichkeit gegen sich selbst und gegen jedermann (!). Beim Lesen der* Entstehung der Arten *möge man dessen eingedenk sein, daß dieses Buch zu den wesentlichen Schöpfungen des menschlichen Geistes gehört.*" (Heberer, G. in: Darwin, C.: "Die Entstehung der Arten", Reclam, Stuttgart, 1989; S. 686).

Viele der verwendeten Artikel sind im Internet einsehbar, da sich dieses jedoch laufend wandelt, sind im Anhang bevorzugt Druckwerke verzeichnet, wenn diese auch nicht immer problemlos zu beschaffen sein werden.

1. Einführung

Die verblüffende Übereinstimmung der Inhalte beider Evolutionshypothesen erklärt sich zum Teil durch ähnliche Beobachtungen Wallaces und Darwins während ihrer Weltreisen in Zonen größter Biodiversität (siehe weiter unten), einen gewissen Anteil daran hatte jedoch sicher auch die Tatsache, daß Wallace und Darwin sich mit den gleichen wissenschaftlichen Werken beschäftigt hatten, bevor sie die entscheidenden Ideen zu Papier brachten. Zu nennen sind hier besonders die "Principles of Geology" von Charles Lyell, ein Standardwerk der Geologie und Paläontologie, deren mannigfaltige Versteinerungen nie so recht in ein Konzept der Artkonstanz passen wollten; sowie frühere Publikationen, die sich mit dem Thema "Evolution" beschäftigten. Anders als oft angenommen, waren weder Darwin noch Wallace die ersten, die sich mit dem Thema auseinandersetzten: bereits Darwins Großvater Erasmus Darwin (1731-1802), der Veränderung der Arten durch Umwelteinflüsse, Triebe und Bastardierung annimmt sowie vor ihm Georges Buffon (1707-1788), der die Bildung von Varietäten durch Hybridiserungsexperimente an Wirbeltieren untersuchte, hatten hier Vorarbeit geleistet, und ihre Publikationen und Ideen waren sowohl Charles Darwin wie auch Alfred Wallace bekannt (Hoppe, B. :"Das Aufkommen der Vererbungsforschung unter dem Einfluß neuer methodischer und theoretischer Ansätze im 19. Jahrhundert" in: Jahn, I. (Hrsg.) :"Geschichte der Biologie", Spektrum, Heidelberg, 2000; S. 397).

Was fehlte, war eine Erklärung, *warum* und *wie* sich Arten mit der Zeit verändern oder neue Arten hervorbringen, sowie ein Mechanismus, der die Veränderlichkeit verursachte. Hier mochte die Erklärung Jean Baptiste de Lamarcks (1744-1829), der eine eigene Evolutionstheorie hatte, nicht so recht überzeugen: Lamarck postulierte, daß Tiere die während ihrer Lebensspanne erworbenen Eigenschaften an ihre Nachkommen weitergeben konnten, und daß sowohl ihr Verhalten (nicht genutzte Organe und Gliedmaßen verkümmern, viel benutzte entwickeln sich in entsprechender Weise weiter) als auch ein ihnen innewohnender "Vervollkommnungstrieb" diese Veränderungen auslösen konnten. Auf diese Weise, so Lamarck, hatte sich beispielsweise der lange Hals der Giraffen entwickelt: durch das permanente Ausstrecken des Halses in Richtung Baumwipfel.

Lamarcks Hypothesen wurden von Etienne Geoffroy Saint-Hilaire (1772 -1844) unterstützt und weiterentwickelt. Zunächst konzentrierte er sich auf die vergleichende Embryologie, die Hinweise auf die Abstammung der Säugetiere von Fischen gab. Anschließend (um 1822) untersuchte er Fossilien auf das Vorhandensein von Übergangsformen zwischen Säuger und

Reptilien und fand sie auch (Cadbury, D.: "Dinosaurierjäger", Rowohlt, Hamburg, 2001, S. 177 f.).

Weiterhin lasen sowohl Wallace als auch Darwin die berühmt-berüchtigten "*Vestiges of the Natural History of Creation*", 1844 zunächst anonym von Richard Chambers verfaßt und hoch kontrovers diskutiert, sowie von Herbert Spencer die "*Theory of Population*" (1852). Spencer prägte in diesem Aufsatz auch den Ausdruck "*the survival of the fittest*", den Wallace und Darwin beide in ihr Werk aufnahmen (Brooks, J. L. :"Just Before The Origin", Columbia University Press, New York, 1984; S. 188).

Das aber wohl wichtigste Werk, das sowohl Darwin als auch Wallace möglicherweise entscheidend beeinflußte, war kein biologischer Aufsatz, sondern einer aus dem Bereich Soziologie: Im Jahr 1798 wurde ein Aufsatz von Thomas Malthus mit dem Titel "*An Essay* on *the Principle of Population*" veröffentlicht, der sich mit menschlichen Zivilisationen beschäftigt. Malthus schreibt über die "Hemmnisse", die menschliche Gesellschaften beeinträchtigen; Hungersnöte, Kriege, Seuchen, Armut. Hierdurch, so Malthus, würden nur diejenigen überleben, welche die besten physischen und psychischen Voraussetzungen besäßen, solchen Widrigkeiten entgegenzutreten. Warum, so fragte sich Wallace daraufhin, sollte sich dieses Prinzip nicht auch auf die Gegebenheiten in der Natur übertragen lassen? Das Konzept des "*survival of the fittest*" sowohl bei Wallace als auch bei Darwin trägt eindeutig Malthus´ Signatur. Darwin wendet in seiner "Entstehung der Arten" von 1859 "die Lehre von Malthus auf das gesamte Tier- und Pflanzenreich" an; Wallace beschreibt Malthus´ Einfluß auf sein Werk lebhafter in einem Vorwort zu einer Sammlung seiner Aufsätze, die 1891 erschien.

Die meisten Wissenschaftler oder Gelehrten hingen zu Zeit Darwins und Wallaces trotz der vielfach geäußerten Evolutionsgedanken immer noch der Theorie der speziellen Schöpfungsakte an, die von einem Gott als Schöpfer ausging, der ganz nach Belieben Lebewesen kreierte und sie dort "absetzte", wo es ihm gerade gefiel, ohne System, ohne irgendeine Ordnung. Auch der einflußreichste Fürsprecher Darwins, Charles Lyell, vertrat diese Theorie in seinen "*Principles*", bis er im Alter "Darwinist" wurde.

2. Vergleich der Evolutionshypothesen

Wenn von einem Vergleich Darwins Hypothese mit Wallaces Ideen die Rede ist, so müssen korrekterweise die Originalaufsätze, die zeitgleich veröffentlicht wurden, miteinander verglichen werden. Darwins "Artikel", ein hastig zusammengewürfeltes Exzerpt seines großen *"species book"*, umfaßt vier Seiten. Es ist gängige Praxis, statt dessen das größere Werk (*"Über die Entstehung der Arten..."*) zum Vergleich heranzuziehen, trotzdem soll an dieser Stelle der Hinweis nicht fehlen, daß dieses Werk nicht nur achtzehn Monate nach Wallaces Artikel veröffentlicht wurde, sondern auch viele seiner Ideen aufgreift. Darwin stand für sein Buch genug Zeit, Material anderer Forscher, ein stehendes Konzept sowie ausreichend Druck zur Verfügung, seinen Namen fest mit der Evolutionstheorie zu verbinden. Wallace dagegen hatte seine ursprünglichen Absichten, selbst ein großes Opus über die Artenentstehung zu verfassen, bereits aufgegeben, eine Entscheidung, woran die Ereignisse um die Veröffentlichung der Aufsätze Darwins und Wallaces im Juli 1858 wahrscheinlich einen nicht unerheblichen Anteil hatten.

An dieser Stelle soll nun jeweils auf die Umstände der Entstehung der Hypothesen der beiden Forscher eingegangen werden, die Hauptargumente genannt sowie schließlich die Unterschiede erläutert werden, die trotz aller Ähnlichkeit der Hypothesen vorhanden sind.

Darwin hatte sich bei seiner Weltreise, und zwar ganz besonders aufgrund der Beobachtungen auf den Inseln, die er besuchte, eingehend von der hier herrschenden üppigen Vielfalt sehr nah verwandter Arten überzeugen können. Besonders das Beispiel der nach ihm benannten Darwin-Finken, die auf den Galapagos-Inseln leben, ist berühmt geworden, weil es das Konzept der Artbildung so perfekt illustriert: Insgesamt dreizehn sehr ähnliche Finkenarten, die sich vor allem in der Schnabelform (und damit einhergehend in der bevorzugten Nahrung) unterschieden, brachten Darwin auf die Idee, sie könnten von einer einzigen Vorfahrenart abstammen, die sich dann in viele "Varietäten" aufgespaltet hatten. Einzelne Nachkommen der Ursprungsart könnten sich zum Beispiel in ihrer Schnabelform leicht unterschieden haben und hätten sich dann, um die Konkurrenz um gleichartige Nahrung zu vermindern, unterschiedliche Lebensräume gesucht: einige Finkenarten ernährten sich heute von Insekten, andere von Nüssen oder Samen. Auf diese Weise kann eine größere Anzahl Finken auf den kargen Inseln überleben. Die Finken, so schloß Darwin, mußten sich dann mit der Zeit immer besser an ihre neuen Nischen angepaßt und dabei die unterschiedlichen Schnabelformen ausgeprägt haben, die heute zu beobachten sind. Nur - wie? Diese Frage plagte Darwin ziemlich lange, er hatte das fertige Evolutionskonzept mitnichten bereits beim ersten Anblick der Finken im Kopf. Erst nach seiner Rückkehr nach England und während der Sichtung des gesammelten Materials dämmerte ihm langsam, was es mit den Finken auf sich haben könnte. Und dann brachte er zwei Erkenntnisse zusammen: Einerseits war da die Feststellung, daß sich Arten verändern können, und zwar unmerklich im Laufe geologischer Zeiträume. Dies war durch Fossilien dokumentiert, Überreste von Lebewesen, die den heutigen teilweise verblüffend ähnlich sahen, und doch im Detail Unterschiede zeigten. Das war nicht neu: Bereits Geoffroy hatte in den frühen 1820er Jahren Fossilien zur Rekonstruktion der Stammesgeschichte verwendet (siehe weiter oben).

Andererseits waren da die Erfahrungen, die Darwin als Hobby-Taubenzüchter gemacht hatte Er hatte sich auch bei anderen Züchtern verschiedener Haustierrassen ein Bild davon machen können, wie der Mensch Tiere nach seinem Gusto verändert, um gezielt bestimmte Eigenschaften zu verstärken, andere dagegen möglichst verschwinden zu lassen, besonders gut dokumentiert an den diversen Rassen von Hunden. Das war auch nicht neu.

Das Neue, und für den ängstlichen Darwin das Erschreckende war die Idee, die Natur (nicht Gott!) könnte so eine Art übermenschlicher Tierzüchter sein, und die auf der Erde lebenden Tierarten dazu bringen, sich zu verändern. Nur, und in diesem Detail unterschiedet sich Darwins Erklärung von Lamarcks, solle hierbei der Veränderungsdrang nicht als Willensakt von den Tieren selbst ausgehen, sondern sich automatisch im Überlebenskampf ergeben: Darwin bemerkte, daß alle Tiere immer mehr Nachkommen hervorbringen, als zur schlichten Kompensation ihres eigenen Dahinscheidens nötig wäre. Trotzdem gab es deswegen in der Natur keine unkontrollierte Vermehrung dieser Arten. Er schloß daraus, daß diese vielen Nachkommen, die alle in ihren Merkmalen etwas unterschiedlich voneinander und von ihren Eltern waren, miteinander in einem Konkurrenzkampf um Nahrung, Reviere und Fortpflanzungspartner standen, und daß jeweils diejenigen überlebten, die den Erfordernissen ihrer Umwelt am besten entsprachen. Außerdem befanden sich alle Arten nicht nur in einem ständigen Kampf mit ihresgleichen und mit anderen Arten (Konkurrenten, Beute oder Räubern), sondern auch mit der abiotischen Umwelt, wie zum Beispiel dem Klima. Dies war das Konzept des "survival of the fittest", das oft falsch mit "das Überleben des Stärkeren" übersetzt wird. Die Auswahl der Überlebenden wurde hier also von der Natur getroffen, und da jeweils bestimmte Merkmale in einer bestimmten Umwelt von Vorteil sind, sollten diese sich allmählich verbreiten, andere dagegen verschwinden. Varietäten in Darwins Sinne waren Individuen, die eine mehr oder weniger deutliche Abweichung in Erscheinung oder

Physiologie von dem zeigten, was Darwin als "Originaltypus" bezeichnete. Diese Abweichungen mußten sich in irgendeiner Weise auf die Fitneß der Varietät auswirken und entschieden darüber, welche der Varietäten (oder der Originaltypus) im täglichen Ringen ums Dasein die Oberhand behielt. Darwin behauptete, daß sich durch direkten Kampf eine der Varietäten gegen die anderen durchsetzen und unter Umständen sogar den Originaltypus ersetzdn mußte, wobei die einander ähnlichsten Varietäten am stärksten miteinander konkurrierten. Darwins "Principle of Divergence" besagt, daß die *Individuen*, nicht wie bei Wallace die *Populationen*, dem Konkurrenzkampf zu entkommen suchten, indem sie bestrebt seien, möglichst unterschiedliche Lebensräume zu besetzen. In diesen Lebensräumen könnten sich die Individuen dann vermehren und ihre Abweichungen vom Originaltypus weiter ausprägen. Auf diese Weise verändere eine Tierart langsam ihr Erscheinungsbild. Varietäten im Sinne von Populationen und noch weniger variante Individuen unterscheiden sich allerdings niemals so sehr von dem Originaltypus, daß sie in der Lage wären, solche unterschiedlichen Lebensweisen aufzunehmen. Sie leben, wie Wallace selbst tausendfach beobachtete, stets in engem räumlichen und ernährungsphysiologischen Zusammenhang wie die Stammart. Mutationen erfolgen immer schrittweise und häufen sich sehr langsam an. Während dieser Zeit kommt es aber in einer Population zu intensiver Durchmischung des Genbestands, so daß sich positive neue Merkmale sehr schnell durchsetzen können. Sympatrische Artbildung dagegen kann nur bei sich nicht oder nicht vorwiegend sexuell fortpflanzenden Organismen (*Hydra*, *Planaria* , etc.) in nennenswertem Ausmaß stattfinden. Die asexuell entstandene Population bildet hier einen Klon, der reproduktiv von der Ausgangspopulation isoliert ist und weitere Mutationen anhäufen kann. Darwin hatte also keine befriedigende Erklärung anzubieten, wie neue Arten tatsächlich entstehen können. Und er verkannte die Bedeutung, die Isolation auf variante *Populationen* hat.
In den beiden am 01 Juli 1858 verlesenen Dokumenten Darwins, dem erwähnten kurzen Abstract und einem Brief an den US-Professor Asa Gray von 1857 ist keine Rede von Populationen. Darwin versteht unter dem Begriff "Variety" ein einziges variantes, aufgrund seiner Merkmalslage begünstigtes oder benachteiligtes Individuum, das natürlich für sich gesehen, und auch mit all seinen mehr oder weniger zahlreichen Nachkommen nicht der Ursprung einer neuen Art sein kann.

Die wichtigsten Argumente Darwins in den Beiträgen zum 01. Juli 1858 sind größtenteils irrige Ansichten: Neben dem weiter oben dargestellten Divergenz-Prinzip findet sich ein weiterer fulminanter Fehlschluß: Darwin behauptet, Arten blieben unter gleichbleibenden

Umweltbedingungen konstant. Änderten sich aber die Bedingungen, würden die betroffenen Arten nach Darwin plötzlich selbst veränderlich und die Selektion könnte greifen. Tatsächlich sind alle Tier- und Pflanzenarten jederzeit variabel und variant, was Darwin entging, Wallace dagegen aus eigener Erfahrung mit den tausenden Varietäten, die er auf seinen Streifzügen gesehen hatte, wußte.

Schließlich kommt Darwin am Schluß seiner Ausführungen zum Thema "sexuelle Zuchtwahl", die bei ihm im Gegensatz zur "natürlichen Zuchtwahl" steht. Darwin schreibt, die sexuelle Zuchtwahl sei eine mildere Form der Auslese, weil sie nicht den *Tod* des unterlegenen Individuums erfordere, sondern ihm lediglich weniger Nachkommen zugesteht. Beides trifft so nicht zu. Es können in Rivalenkämpfen unterlegene Männchen ihren Verletzungen erliegen, wie auch durch die "natürliche Zuchtwahl" Individuen umkommen, etwa durch Hunger, Frost oder natürliche Feinde.

Weiterhin gibt es heute vielerlei Hinweise darauf, daß die "unterlegenen" Männchen sich oftmals erfolgreicher fortpflanzen können, als die offensichtlichen "Siegertypen": erwachsene männliche Orang Utans verharren in einem scheinbar jugendlich-kindlichem Stadium, um nicht die Aggressivität der dominanten Männchen auf sich zu ziehen, und verpaaren sich derart unbehelligt mit den Weibchen (Maggioncalda, A. N., Sapolsky, R., M.: "Der Sexualtrick der jungen Orang-Utans", in: Spektrum der Wissenschaft, September 2002, S. 26-32).

Bei Singvögeln ist Promiskuität weit verbreitet, das Weibchen sichert sich auf diese Weise die Unterstützung mehrerer "Väter" bei der Aufzucht ihrer Jungen. Die Anzahl der nicht vom Alpha-Männchen stammenden Nachkommen erreicht etwa die Hälfte der gesamten Brut oder mehr (Lewin, R.: "Die Molekulare Uhr der Evolution", Spektrum, Heidelberg, 1998, S. 3). Dies sind nur zwei Beispiele dafür, daß nicht immer die Gewinner der Rivalenkämpfe zu den Gewinnern der Evolution gehören müssen, sondern oftmals eben diejenigen, die sich solchen anstrengenden, tödlichen und physiologisch aufwendigen Rivalenkämpfen gar nicht erst stellen. Der Schluß, daß ein "unterlegenes" Männchen lediglich weniger Nachkommen hätte, ist daher oft unzutreffend, wie das Beispiel der Singvögel zeigt.

Der größte Unterschied zu Wallace aber war, daß Darwin die Artbildung in wilden Populationen in Analogie zur Zuchtwahl bei domestizierten Tieren zu erklären versuchte, was naturgemäß einige Schwierigkeiten mit sich bringt: In der freien Natur neigen Varietäten dazu, entweder einzelne Randerscheinungen zu bleiben und in der nächsten Generation wieder zu verschwinden (wenn durch Selektionsdruck der Stammtypus bevorzugt ist) oder aber im gegenteiligen Falle sich weitgehend durchzusetzen (wenn das neue Merkmal günstiger ist). Ein gutes Beispiel sind die Birkenspinner Englands, die ursprünglich eine weiße Farbe aufwiesen, im Zuge der weitreichenden Umweltverschmutzung vor Ort und der damit verbundenen Verrußung der Birken sich aber eine schwarz gefärbte Variante durchsetzen konnte, weil diese Tiere auf den dunklen Untergründen schlechter sichtbar für Freßfeinde waren (Wehner, W. und Gehring, W.: "Zoologie", Thieme, Stuttgart, 1995; S. 580 f.).

Falls das variante Merkmal neutral ist, wie im Fall der Gefiederfarbe von Eleonorenfalken, wird es sich nach den Mendelschen Regeln mehr oder weniger häufig in der Population wiederfinden, wobei eine intermediäre Ausprägung auftreten kann Storch, V., Welsch, U., Wink, M.: "Evolutionsbiologie", Springer, Heidelberg, 2001; S. 227 - 231).

In allen Fällen aber findet keine Isolation statt, die zur Bildung neuer Rassen oder gar Arten nötig wäre, wie dies in der Tierzucht geschieht, sondern eine gründliche Durchmischung der Allele, also das genaue *Gegenteil* dessen, was bei künstlicher Zuchtwahl beabsichtigt ist. Allein aufgrund einer varianten Ausprägung eines Merkmals entsteht noch keine Fortpflanzungsbarriere, wie dies Darwin annahm. Statt dessen besteht auch weiterhin nur ein einziger Genpool, bis zusätzlich z.B. räumliche Isolation entsteht. Während Darwin also mit dem Vergleich der künstlichen Zuchtwahl mit der natürlichen "Zuchtwahl" keinen geeigneten Ansatzpunkt wählte, stützte Wallace seine Theorie ausschließlich auf eigene Beobachtungen in der freien Natur und hatte daher die wesentlich bessere Ausgangslage.

Darwin nannte sein Prinzip die "Natürliche Zuchtwahl", um deutlich zu machen, daß der allgemein verständliche Mechanismus der Domestizierung und Tierzucht auf die Verhältnisse in der Natur übertragbar sein könnten. Heute wissen wir, daß nicht die Konkurrenz die treibende Kraft der Evolution ist, sondern im Gegenteil die Zahl der Arten stark begrenzt. Artenvielfalt und damit Speziation wird vielmehr ermöglicht durch enge Zusammenarbeit der Organismen (Symbiose und Mutualismus), sowie durch das völlige Fehlen jeglicher Konkurrenz (Radiationen nach Massenaussterben, "Kambrische Explosion"). In beiden Fällen können die plötzlichen und umfangreichen Speziationsereignisse auf emergente Eigenschaften wie neue Baupläne, kombinierte Funktionseinheiten (z.B. die Kombination von Ureukaryonten mit Purpurbakterien und Cyanobakterien zu den Vorläufern aller Tiere und Pflanzen) u.a. zurückzuführen sein, oder aber auf schlichtes Ausfüllen der freien ökologischen Nischen durch einige wenige bestehende Arten und nachfolgender Isolation. Eine solche "Explosion" der Arten-, Gattungen- und sogar Bauplanzahl wie im Kambrium und kurz davor wäre in einer weitgehend besiedelten Biosphäre mit starker Konkurrenz um ökologische Nischen undenkbar.

Besonders wichtig in diesem Zusammenhang war die Entwicklung der Endosymbiontentheorie durch Lynn Margulis (Margulis, L., Sagan, D.: "Leben - Vom Ursprung zur Vielfalt", Spektrum, Heidelberg, 1999; S. 96-109).

Weitere Details hierzu finden sich bei de Duve (de Duve, C.: "Ursprung des Lebens - Präbiotische Evolution und die Entstehung der Zelle", Spektrum, Heidelberg, 1994; S. 97 - 111).

Zu den Radiationen nach Massenaussterben siehe auch Steven M. Stanleys Analyse (Stanley, S. M.: "Wendemarken des Lebens", Spektrum, Heidelberg, 1998).

Während also fehlende Konkurrenz und Symbiose oder Endocytobiose der Speziation förderlich sind, führen starke Konkurrenzsituationen im allgemeinen eher zu einem Rückgang der Artenzahl - und nicht nur der Individuenzahl, wie Darwin postulierte. Die von Wallace vertretene Hypothese einer Speziation durch großflächige Wiederbesiedlung von Lebensraum durch überlebende Angehörige einer durch Streß dezimierten Population - in der Konkurrenz nur eine sehr untergeordnete Rolle spielt - und anschließender Isolation - entspricht dagegen der heutigen Sichtweise. Der diese Problematik behandelnde Wissenschaftszweig ist die Inselbiogeographie, die von Wallace begründet wurde. Eine vorzügliche Einführung gibt David Quammen (Quammen, D.: "Der Gesang des Dodo - eine Reise durch die Evolution der Inselwelten", List, München, 2001).

Eine nicht zu unterschätzende Rolle bei der Speziation spielt schließlich der Zufall, wenn durch sogenannte Flaschenhalseffekte einzelne Individuen von ihrer Population isoliert werden, die zufällig eine seltene Merkmalskombination aufweisen und sich genetisch isoliert zu einer eigenen Unterart und schließlich einer eigenen Art entwickeln können. Weiteres über genetische Drift (Sewall-Wright-Effekt) siehe Wehner und Gehring (Wehner.R und Gehring, W.: "Zoologie", Thieme, Stuttgart, 1995; S. 579 f.).

Natürliche Zuchtwahl im Sinne von Konkurrenz und Überlebenskampf, wie von Darwin dargestellt, führt zwar zu einer Auslese der am besten an die gegebene Situation angepaßten Individuen und kann auch über ausreichend lange Zeiträume die Art als Ganzes verändern, so daß bestimmte Merkmale ausgeprägter werden, während andere verschwinden. Neue Arten im Sinne einer dichotomen Verzweigung entstehen jedoch nicht, wenn alle Individuen der Population im ständigen genetischen Austausch miteinander stehen und sich daher keine

Unterschiede zwischen einzelnen Individuen ansammeln können. Dies ist zumindest bei Tieren der Normalfall.

Anstatt mit seiner Hypothese an die Öffentlichkeit zu gehen, ließ Darwin die Idee zwanzig Jahre reifen und trug in dieser Zeit Unmengen von Belegmaterial zusammen. Dies tat er nicht nur, um seine Hypothese umfassend zu belegen, denn natürlich hatte er ein Interesse daran, daß die wissenschaftliche Welt diese Idee mit seinem Namen verband; er tat dies schlicht aus Angst, anzuecken. Die Veränderlichkeit der Arten war noch immer eine wenig akzeptierte Ansicht, obwohl sie bereits mehrfach von herausragenden Wissenschaftlern geäußert worden war. Und so vertraute sich Darwin zunächst nur einigen wohlgesonnenen Fachkollegen an, was er später noch bitter bereuen sollte.

An dieser Stelle kommt Alfred Russel Wallace ins Spiel, der mehrere Weltreisen unternahm, im Unterschied zu Darwin die Frage nach dem Ursprung der Arten jedoch schon vor dem Antritt seiner Reisen im Kopf hatte, und daher zielgerichtet forschen konnte. Wallace betätigte sich als Insekten- und Vogelsammler, dies aber nicht nur aus reinem Interesse, sondern um sich damit den Lebensunterhalt zu verdienen. Exotische Tiere aller Art waren in Europa ein beliebtes Sammlergut, für das teilweise exorbitante Preise gezahlt wurde, und so konnte Wallace seine Abenteuerlust und seinen Entdeckerdrang mit dem Nützlichen verbinden. Von Mai 1848 bis Ende 1852 bereiste Wallace zunächst den Amazonas, wo er Unmengen nie zuvor beschriebender Tierarten und Pflanzenteile sammelte. Ein Großteil dieser Sammlung, inklusive einiger lebender Tiere, ging jedoch auf der desaströsen Rückreise nach England verloren, als das Schiff Feuer fing, sank und Wallace mit knapper Not sein Leben retten konnte. Die Schiffbrüchigen wurden zwar von einem anderen Schiff aufgelesen, erlebten dann allerdings noch die fürchterlichste Abfolge von Stürmen, bevor sie schließlich doch heil in England ankamen (Wallace, A. R.: "The Sinking of The Helen", 1852, in: Wallace, A. R.: "The Wallace Reader: a Collection of Writings from The Field", Johns Hopkins University Press, Baltimore, 2002; S.86 - 94).

Wallace fielen besonders zwei Dinge während seiner zweiten großen Reise von 1855-1861 (In den Malaiischen Archipel) auf: zum einen registrierte er, daß die Verteilung der Arten auf den von ihm besuchten Inseln nicht zufällig war, sondern bestimmten Regeln gehorchte. Es schien irgendein Gesetz zu geben, welches bestimmte Arten auf bestimmte Orte beschränkte, während sogar sehr nahe beeinanderliegende Inseln völlig unterschiedliche Artenzusammensetzungen aufweisen konnten. Dies wurde Wallace besonders am Beispiel der benachbarten Inseln Bali und Lombok deutlich, zwischen denen eine Art unsichtbare Grenze zu existieren schien: obwohl diese Inseln lediglich durch eine 30 Kilometer breite Meeresstraße getrennt sind, sind ihre Faunen so unterschiedlich wie jene von Afrika und Australien. Diese unsichtbare Grenze sollte später als "Wallace-Linie" Berühmtheit erlangen. Die von Wallace begründete Inselbiogeographie leistete einen wichtigen Beitrag zur Entstehung der Evolutionshypothesen jenes Jahrhunderts und folgender Jahrhunderte, aber es blieb nicht die einzige Erkenntnis, die Wallace aus seinen Forschungen zog.

Als Tiersammler, der mit einer großen Anzahl Exemplaren neuer und bekannter Arten in Berührung kam, fiel ihm relativ schnell auf, daß sich einige Arten fast zum Verwechseln ähnlich sahen, andere Arten äußerst variabel in ihrem Erscheinungsbild waren. Es schien Übergangsstadien zwischen manchen Arten zu geben; die Variabilität paßte nicht so recht zu einer Vorstellung der Artkonstanz.

Wallace fragte sich, was der Ursprung der Arten war, und er unternahm den ersten Versuch einer Antwort im Februar 1855, in seiner Hütte in Sarawak, Borneo. Dort verfaßte er den Artikel "*On the Law Which Has Regulated the Introduction of New Species*", der einige Monate später in der wissenschaftlichen Zeitschrift "*The Annals and Magazine of Natural History*" erschien und so gut wie keine Beachtung fand. In diesem Aufsatz formulierte er das Gesetz, daß jede neue Art in räumlicher und zeitlicher Koinzidenz mit einer bereits existierenden Art in Erscheinung getreten sein muß ("*Every species has come into existence coincident both in space and in time with a pre-existing closely allied species*", Wallace, A. R.: "On the Law Which Has Regulated the Introduction of New Species", in: Annals and Magazine of Natural History, Bd. 16, September 1855). Mit anderen Worten: Arten entstehen nicht nur nebeneinander, sondern *auseinander*. Er schreibt von Artbildung durch Aufspaltung einer Ursprungspopulation in mehrere getrennte Tochterpopulationen, und er stellt fest, daß die biogeographische Verteilung der heutigen Arten nicht zufällig ist, daß diese Verteilung der Schlüssel zum Verständnis der Artbildung ist (obwohl er hier noch keine Theorie anbietet, *wie* dies geschehen könnte), und daß diese Daten trotz ihrer Bedeutung nie zuvor gewürdigt und beachtet worden waren.

Er stellte fest, daß Inseln eine geringere Artenvielfalt aufweisen als Kontinente, und daß die Zahl endemischer Arten auf Inseln wesentlich höher ist als auf dem Festland. Er stellte auch fest, daß alte Inseln eine höhere Anzahl endemischer Arten besaßen als jüngere Inseln und er bemerkte, daß viele der auf Inseln beheimateten Arten untereinander eng verwandt zu sein schienen, was er nicht so ausdrückte, er schrieb "closely allied". Wallace schrieb auch über die von Darwin besuchten Galapagos-Inseln. Wallace selbst war nie dort gewesen, aber er hatte das von Darwin verfaßte Journal über die Reise der Beagle (Neuauflage 1845) gelesen und im Gegensatz zu Darwin notierte er, daß die Galapagos-Inseln als vulkanische Gruppe, niemals näher am Festland gelegen hätten als gegenwärtig, daß die Inseln zunächst völlig unbelebt waren, bis sie duch die Tätigkeit von Wind und Wellen bevölkert worden waren. Die auf die Inseln gelangten Arten hätten sich dann weiterentwickelt und verändert, und schließlich wären die Ursprungsarten ausgestorben, ihre "modifizierten Prototypen", die wir heute dort finden, zurücklassend. Wallace schloß daraus, daß durch irgendeinen Prozeß die Isolation der Inseln in Verbindung mit genügend Zeit neue Arten entstehen lassen mußte. Dieser Aufsatz war deshalb revolutionär, weil er das erste Mal die überwältigende Beweislast der geographischen Verteilung der Arten gegen die Theorie der speziellen Schöpfungsakte ins Feld führte. Auch Darwin las diesen Aufsatz, nahm aber nicht weiter Notiz davon: auf einem Zettel, den er hinten in sein Exemplar der Zeitschrift geheftet hatte, in der der Artikel publiziert war, findet sich die folgende Anmerkung: "Wallace´s Beitrag: Gesetze der Geograph. Verteil. Nichts sonderlich Neues" . Lyell dagegen, zu dieser Zeit noch Anhänger der speziellen Schöpfungstheorie, begann zwei Monate nach Erscheinen des Aufsatzes mit eigenen Überlegungen zum Thema Evolutionsbiologie und er begann seine Aufzeichnungen mit dem Titel "Wallace, Karteibuch 1" (Quammen, D.: "Der Gesang des Dodo - eine Reise durch die Evolution der Inselwelten", List, München, 2001; S.58 f.).

Dieser Aufsatz war nicht derjenige, der später zusammen mit Darwins Aufsatz von der Linne ´schen Gesellschaft verlesen wurde.

Wallace schrieb *"On the Tendency of Varieties to Depart Indefinitely from the Original Type"* im Jahre 1858, auf der Insel Gilolo im Malaiischen Archipel, und schickte ihn als Brief an Charles Darwin. Dieser brütete bereits seit zwanzig Jahren über seiner "Entstehung der Arten", und es nicht unwahrscheinlich, daß er noch weitere zwanzig Jahre darüber gebrütet hätte, hätte ihn dieser Brief nicht erreicht.
Wallace brachte in dem Brief alle wesentlichen Aussagen Darwins auf den Punkt. Mehr noch: Nach gründlichen Recherchen durch Wissenschaftshistoriker scheint Darwin sogar mindestens einen Teil von Wallace abgeschrieben und in sein eigenes Werk integriert zu haben, als willkommene Untermauerung und Ergänzung seiner seit Jahren gärenden Theorie (Brooks, J. L.: "Just before The Origin", Columbia University Press, New York, 1984; Chapter 11: How Darwin Completed His Theory, S. 229 - 257).
Dieser Brief wäre ein wichtiges Beweisstück , leider ist er jedoch mitsamt dem Umschlag verschwunden und wurde nie veröffentlicht. Brooks findet es verdächtig, daß gerade Darwin,

der sonst alle Briefe peinlich genau archivierte, ausgerechnet diesen einen, der so wichtig für die Rekonstruktion der Ereignisse gewesen wäre, verloren haben sollte. Quammen schreibt hierzu: "Barbara Beddall, die besonnenste unter den Revisionisten, kommt zu dem Schluß: "Jemand hat die Akten gesäubert"." (Quammen, D.: "Der Gesang des Dodo", List, München, 2001; S. 147).

Bevor die Ereignisse nach Erhalt des schicksalsträchtigen Briefes betrachtet werden, zunächst eine kurze Beschreibung der darin geäußerten Ideen und dessen abenteuerlichen Entstehung:

Ebenso wie Darwin hatte Wallace bemerkt, daß jede Art jedes Jahr eine ungeheure Masse an Nachwuchs produzierte, daß aber die Zahl der Individuen einer Art über lange Zeit konstant blieb oder sogar abnehmen konnte. Daher mußte jedes Jahr eine Zahl an Individuen getötet werden, die mindestens der Gesamtzahl der jährlichen Nachkommen der betrachteten Art entsprach. Wallace war ein Experte für Varietäten, er wußte, daß viele Individuen in geringem Maße vom Stammtypus abwichen. Einige dieser Abweichungen mußten sich zweifellos positiv, andere negativ auf die Überlebenschancen des Individuums auswirken. Ein länger überlebendes Tier hatte aber höchstwahrscheinlich mehr Nachkommen, von denen ein großer Teil das erfolgreiche Merkmal ebenfalls trugen. Da solche Nachkommen unter konstanten Bedingungen ebenfalls größere Überlebenschancen haben mußten, würde sich das entsprechende Merkmal schnell in der *Population*, in der es aufgetreten ist, durchsetzen. Die ganze Population bestünde dann aus Individuen, die dieses Merkmal trügen. Gleichzeitig würden noch andere Populationen existieren, die dieses Merkmal nicht aufwiesen, falls diejenige, in der das neue Merkmal aufgetreten ist, nicht gleichzeitig auch die einzige Population dieser Art ist.

Eine Population ist eine meist räumlich von anderen Populationen getrennte Gruppe, die aus Individuen einer einzigen Art besteht. Aufgrund der teilweisen Isolation ist der genetische Austausch zwischen den Gruppen eingeschränkt.

Im Unterschied zu Darwin erkannte Wallace, daß die Varietäten, im Sinne von varianten Populationen nicht untereinander in Konkurrenz standen und sich bekämpften, bis eine der Varietäten sich schließlich durchsetzte und die anderen Varietäten sowie die Stammart völlig verdrängte. Wallace postulierte statt dessen, daß diese Varietäten unabhängig voneinander nebeneinander existierten, bis irgendwann die externen Lebensbedingungen einen Wandel durchmachten, der sich negativ auf die Art auswirkte. Unter diesem Streß würden dann zuerst jene Varietäten in ihrer Zahl vermindert, die aufgrund ihrer Merkmale am wenigsten gut an die neuen Umstände angepaßt sind. Bei anhaltendem Streß könnten diese Varietäten sogar aussterben. Die am besten angepaßte Varietät würde als einzige übrig bleiben, sich ausbreiten und wiederum Varietäten produzieren, die dann erneut unter Streß geraten könnten. Es gab nach Wallace jedoch keinen direkten Konkurrenzkampf zwischen diesen Populationen, die überlebende Population nahm erst dann die Lebensräume der unterlegenen Populationen ein, nachdem diese durch den anhaltenden Streß, den die Veränderung der Umweltbedingungen ausgelöst hatte, ausgelöscht waren. Nach Beendigung der Streßsituation, etwa einer Dürreperiode, konnte sich die überlebende Population erholen und schließlich ausbreiten. Das war ein entscheidender Unterschied zu Darwins Hypothese.

Divergenz entstand laut Wallace nicht durch den Willensakt der Lebewesen selbst, sich möglichst unterschiedliche Lebensräume zu suchen, sondern indem einige intermediäre Varietäten ausstarben. Dies sind diejenigen Varietäten, die in ihrer Merkmalsausprägung zwischen zwei Extremtypen standen und zufällig am wenigsten gut an Schwankungen ihrer Umweltbedingungen angepaßt waren. Dadurch entstand ein scheinbarer "Sprung" in der Merkmalslage dieser Varietäten. Darwin dagegen war der Meinung, daß die reine Eigenschaft, zwischen zwei extremen Ausprägungen zu stehen, für die Extinktion dieser Varietäten verantwortlich war. Wallace betonte, daß auch die an den beiden äußeren Ende der Varietätenreihe stehenden Populationen aussterben könnten, dies bliebe aber unbemerkt, da dieses Ereignis keinen Effekt auf die Zusammensetzung der Restpopulationen hätte.

Das Wort "Divergenz", von beiden Wissenschaftlern verwendet, bezeichnet also bei Darwin und Wallace zwei völlig verschiedene Prozesse.

Nach eigener Darstellung (1891) litt Wallace im Jahre 1858 in Ternate an einem etwa zweistündigen heftigen Fieberanfall, während dessen er seine Überlegungen und Beobachtungen zu einer schlagenden Theorie zusammenfügte, einer Antwort auf die Frage, die ihn seit Beginn seiner Reisen beschäftigte, die Frage nach dem Ursprung der Arten. Nach dem Fieberanfall schrieb er alles innerhalb dreier Tage auf und schickte die Ausarbeitung per Brief an Darwin. Er möge doch das Inliegende bei Gefallen an Sir Lyell, den berühmten Gelehrten, weiterleiten. Hätte Wallace das Manuskript direkt an eine der führenden Wissenschaftsmagazine gesandt, sprächen wir heute höchstwahrscheinlich von Wallaceismus: Darwin hatte seine Abhandlung noch lange nicht fertig, seine einzige Chance, doch noch als "Begründer der Evolutionstheorie" in die Geschichte einzugehen, bestand darin, Wallaces Prioritätsrechte zu verletzen (Junker, T.: "Charles Darwin und die Evolutionstheorien des 19. Jahrhunderts", in: Jahn, I. (Hrsg): "Geschichte der Biologie", Spektrum, Heidelberg, 2000; S. 362).

Zusammenfassung

Die Theorien Darwins und Wallaces, wie sie am 01. Juli 1858 verlesen wurden, sprechen im Wesentlichen die gleichen Punkte an, wenn auch die Erklärungen Wallaces und Darwins weit divergieren. Darwin unterlag aufgrund seiner mangelnden Erfahrung mit Varietäten einigen Fehlschlüssen, er stützt seine Hypothese hauptsächlich auf Erfahrungen aus der Tierzucht, die nur sehr eingeschränkt auf die Verhältnisse in der freien Wildbahn zu übertragen sind. Nüchtern betrachtet, hatte Wallace aufgrund seiner intensiven Beschäftigung mit der Materie nicht nur mehr Erfahrung auf dem Gebiet der Varietäten in natürlichen Lebensräumen, er hatte auch die bessere Theorie, und doch erntete Charles Darwin beinahe den ganzen Ruhm. Es stellt sich die Frage, welche anderen Gründe es neben den sachlichen Inhalten der Theorien hierfür gegeben haben könnte.

Hinweise könnten unter anderem die Ereignisse geben, die vor, während und nach der entsprechenden Sitzung der Linne´schen Gesellschaft stattfanden.

3. Warum Wallace als Begründer der Selektionstheorie in Vergessenheit geriet

Zu allererst soll die Frage behandelt werden, warum Wallaces Artikel nicht allein verlesen wurde. Die Tatsache, daß auch Darwins Exzerpt auf dem Protokoll der Sitzung stand, wird meist nicht hinterfragt, ist aber eine Überlegung wert.

Darwin hatte sein großes Opus, das vierbändige "*Species book*" bei weitem nicht vollendet, sondern gerade erst im Jahr zuvor begonnen zu schreiben, als er Wallaces Ternate-Aufsatz erhielt (Brooks, J. L.: "Just Before The Origin", Columbia University Press, 1984; S. 230). Bereits zuvor hatte Wallace wiederholt durch veröffentlichte Artikel zum Thema "Ursprung der Arten" auf sich aufmerksam gemacht, und auch Darwin war dies nicht entgangen. Trotzdem sträubte er sich weiterhin, auch nur einen Auszug seiner Arbeit zu veröffentlichen. Er teilte sich nur wenigen Freunden mit (namentlich Charles Lyell und Joseph Hooker sowie Asa Gray), welche ihn und seine Hypothesen wohlgesonnen betrachteten und ihn ermutigten, weiterzumachen und möglichst schnell zu publizieren, auch aus Besorgnis, jemand anderes könnte Darwin vielleicht zuvorkommen. Darwin verfolgte den wissenschaftlichen Diskurs über alle Fragen zur Evolutionshypothese, die in den namhaften englischen Fachzeitschriften erörtert wurden, sehr aufmerksam. Der Sarawak-Beitrag von Wallace (1855) entging ihm nicht - in seinem Exemplar der betreffenden Zeitschrift finden sich zahlreiche Randbemerkungen im Artikel- doch erkannte er dessen Bedeutung nicht (siehe weiter oben). Lyell hingegen wies Darwin frühzeitig auf Wallaces Bedeutung hin. Wallace selbst bewunderte Charles Darwin, seit er dessen Journal über die Reise mit der *Beagle* gelesen hatte und pflegte Briefkontakt mit ihm. In seinen Briefen teilte Wallace Darwin die eigenen Ideen und Denkansätze zum Thema Ursprung der Arten mit, ohne jedoch im Gegenzug von Darwin über dessen Fortschritte auf diesem Gebiet unterrichtet zu werden. Da Darwin in seinem Journal über die Reise der *Beagle* keine Gedanken dieser Art äußert, ist es fraglich, ob Wallace etwas davon wußte, daß er und Darwin das gleiche Thema bearbeiteten. Er wäre sonst wohl kaum so freigiebig mit seinem Gedankengut gewesen, und er hätte seinen späteren (Ternate-) Aufsatz wohl nicht ausgerechnet an Charles Darwin gesandt.

Charles Darwin erhielt den wichtigsten Beitrag Wallaces zur Evolutionstheorie im Frühjahr 1858 als Brief aus den nördlichen Molukken. Das genaue Datum ist nicht zu belegen, da das Anschreiben nicht erhalten ist. Verfaßt wurde das Dokument im Februar 1858, versandt am 09. März 1858, verlesen am 01. Juli 1858, dazwischen liegt ein höchst interessantes Zeitintervall, über das sich nicht wenige Zeitgenossen ihre gelehrten Köpfe zerbrochen haben. John Langdon Brooks ist einer der Gründlicheren, der in seinem Buch "*Just before The*

Origin" (1984) einiges an Details ans Tageslicht befördert. Das meiste davon läßt den ehrenwerten Charles Darwin nicht mehr ganz so ehrenwert erscheinen, wie ihn die meisten Zeitgenossen gerne sähen.

Die erste Unstimmigkeit betrifft den Zeitpunkt, an dem Darwin das betreffende Manuskript von Wallace erhielt. Es wird behauptet, Darwin hätte es am 18. Juni erhalten und sofort nach der Lektüre an Lyell weitergereicht. Tatsächlich aber sprechen bis auf diese Aussage alle Tatsachen dafür, daß er das Manuskript einige Wochen früher als angegeben erhalten hatte: das Manuskript war am 09. März versandt worden, die Postlaufzeit betrug damals neun bis zehn Wochen. Brooks (1984) führt in seinem Buch sogar die genauen Zeitpläne der Schiffslinie, die im Den Haager Postmuseum erhalten sind, auf, und belegt, daß eben das fragliche Postschiff nicht in Verzug geraten war. Aufgrund der zwei verschiedenen Wege, die ein Brief zu damaliger Zeit nehmen konnte (über Marseilles oder über Southampton) muß der Brief an Darwin spätestens am 29. Mai angekommen sein, wahrscheinlicher ist der 17. Mai, einen Monat früher als behauptet.

Gestützt wird diese Aussage durch die Tagebuchaufzeichnungen Darwins: er hatte das Kapitel 4, welches sich mit dem Kernpunkt der Hypothese beschäftigt, bereits Ende März 1857 vollendet. Das besagte Kapitel hatte Darwin dann, wie ein weiterer Eintrag dokumentiert, korrigiert. Als Datum der Fertigstellung gibt Darwin den 12. Juni 1858 an, das ist sechs Tage, bevor er angeblich das Manuskript von Wallace erhielt. Da sowohl die korrigierte als auch die ursprüngliche Fassung dieses Kapitels erhalten sind, konnte nachgewiesen werden, daß Darwin das Manuskript Wallaces bereits erhalten haben mußte und dazu genutzt hatte, erhebliche Erweiterungen an seinem eigenen vorzunehmen: Darwin verwarf eine einzige Seite, fügte aber an gleicher Stelle 41 neue Seiten ein, die sich mit dem Thema "Divergenz" beschäftigten, ein Punkt, den Darwin bereits wenig überzeugend in seinem Brief an Asa Gray (1857) angesprochen und nun verfeinert hatte. Eine detaillierte Beweisführung findet sich bei Brooks (1984, S. 231 ff.).

Es gibt noch einen dritten Hinweis darauf, daß Darwin das Manuskript von Wallace bis zum 17. Mai 1858 gelesen hatte: Ein Brief an Lyell von 1858, datiert "18th". In diesem Brief bestätigt Darwin, den Ternate-Aufsatz von Wallace erhalten zu haben, gemeint ist also offensichtlich der 18. Mai, ein sehr wahrscheinliches Datum für den Erhalt des Briefes von Wallace. Brooks (1984) zweifelt an, daß Darwin den Brief an Lyell tatsächlich auch am 18. Mai abgeschickt hatte, da das Manuskript Wallaces offensichtlich beigefügt war, wie aus dem Text hervorgeht. Vermutlich nahm er erst die Korrekturen vor und leitete das Manuskript dann an Lyell weiter.

Aus einem weiteren Brief an Hooker, datiert 08. Juni 1858, geht hervor, daß Darwin nun endlich das Divergenzproblem gelöst habe und großes Vertrauen, daß die Lösung jetzt stimmig sei. Darwin bezeichnete dieses Divergenzprinzip als den wichtigsten Punkt "seiner" Theorie, es war ein Eckpfeiler und, wie Brooks eindrucksvoll belegt, ein Plagiat.

An keiner Stelle in Darwins relevantem Beitrag zur Doppellesung 1858 oder in seinem Buch von 1859 findet sich eine Erwähnung Wallaces im Zusammenhang mit dem Divergenzprinzip, das deshalb so wichtig war, weil es die Antwort enthielt auf die große Frage, wie neue Arten entstehen konnten. Der Ursprung der Arten, der Titel von Darwins Werk, und der Kern seiner Hypothese wurde durch das Phänomen der Divergenz erklärt, und dieses Prinzip stammt von Alfred Russel Wallace.

Am 25. Juni schrieb Darwin einen weiteren Brief an Lyell, ebenfalls in voller Länge bei Brooks (1984, S. 263) zu finden, diesmal ohne das im ersten vorherrschende Wehklagen über die Tatsache, daß Wallace ihm zuvorgekommen war. Statt dessen läßt Darwin anklingen, es sei doch sicher unmoralisch und höchst verwerflich, nun noch schnell eine Zusammenfassung seiner eigenen Theorie zur Veröffentlichung zur Verfügung zu stellen. Dies käme ihm sicher nicht in den Sinn, *es sei denn*, jemand wie Lyell, ein Mensch dessen Urteilskraft und Ehrhaftigkeit er vollends vertraue, würde ihm dazu raten. Weiterhin beteuert Darwin, es gäbe nichts in Wallaces Manuskript, das nicht von ihm, Darwin, wesentlich vollständiger in einer eigenen Skizze dargestellt worden wäre. Natürlich hätte er, Darwin, eine Kopie davon und sowohl Hooker als auch Asa Gray könnten bezeugen, diese Skizze bereits 1844 bzw. 1857 erhalten und gelesen zu haben, so daß er beweisen könne, nichts von Wallace genommen zu haben (Im Original steht zunächst das Wort "gestohlen", ist aber durchgestrichen). Im übrigen sage Wallace ja auch gar nichts davon, sein Manuskript solle publiziert werden.

Weiter schreibt Darwin, er würde lieber sein ganzes Buch verbrennen, ehe jemand denken solle, er würde unredlich handeln. Er erwarte nun den Rat zweier seiner treuesten und besten Freunde (auch Hooker sollte sich äußern).

Bekannterweise fand Darwins Bitte bei Lyell volles Gehör, schließlich hatte dieser ihn bereits wiederholt in der Vergangenheit dazu gedrängt, endlich zu publizieren. Für Lyell war dies ein Freundschaftsdienst, für Darwin war es ein Glücksfall, solch einflußreiche Freunde zu haben, doch auch ein Beweis seiner Charakterschwäche. Da Darwin zu diesem Zeitpunkt nicht wissen konnte, wie Wallace auf diese Überraschung reagieren würde, er hätte mit gutem Recht äußerst wütend sein können, ist Darwins Verhalten zumindest als unredlich zu betrachten, da er wußte, daß Wallace das Erstveröffentlichungsrecht alleine zustand.

Es wurde also beschlossen, eine Doppellesung zu veranstalten - ohne daß Wallace darüber vorher in Kenntnis gesetzt worden wäre. Seine Einverständnis wurde einfach vorausgesetzt. Die Sitzung wurde für den 01. Juli 1858 anberaumt, so daß Darwin genug Zeit hatte, ein kurzes Exzerpt zu verfassen. Es umfaßte ganze vier Seiten, wurde aber dennoch zuerst verlesen, was eine höhere Priorität bedeutete. Wallace dagegen hatte einen ausgereiften Artikel von zehn Seiten vorgelegt, so daß es seltsam erscheint, aber nicht unerklärlich ist, daß Darwin der Vorzug gegeben wurde: Eingeleitet wurde die Sitzung durch einen Brief Lyells und Hookers, in dem einige irreführende bzw. bewußt falsche Aussagen zu finden sind. Da heißt es beispielsweise im zweiten Absatz, die "Gentlemen" hätten ihre Theorien unabhängig und in Unkenntnis voneinander entwickelt. Darwin und Wallace waren sich aber alles andere als unbekannt. Einige Zeilen später widersprechen sich Lyell und Hooker dann auch selbst, indem sie Darwin als Wallaces "friend and correspondent" bezeichnen. Mit der "Unabhängigkeit" ist es auch nicht ganz so weit her, denn wie weiter oben beschrieben hatte Darwin einen Teil der wichtigsten Punkte aus Wallaces Aufsatz von 1858, sowie dem Sarawak-Papier von 1855 (*Law-paper*) in sein eigenes Werk übernommen, während Wallace selbst nichts von Darwins Ideen wußte. Hierzu gehören zum Beispiel das Divergenz-Prinzip, der Vergleich der Evolutionsgeschichte mit einem Baum, dessen abgestorbene Zweige die extinkten Arten symbolisieren ("Stammbaum") und dessen grafische Umsetzung als Stammbaumschema (die einzige Abbildung in Darwins "Entstehung der Arten"). Von diesen besitzt das Divergenz-Prinzip die größte Relevanz, da es den Kern der Selektionstheorie darstellt (Brooks, J. L.: "Just Before The Origin", Columbia University Press, New York, 1984, S.229 - 257).

Weiter heißt es, keiner der beiden hätte jemals seine Ideen publiziert, und dies ist ganz offensichtlich falsch, denn Wallace hatte bereits einige Aufsätze zum Thema veröffentlicht, allen voran das berühmte "*Law*"- paper von 1855. Darwin hingegen hatte tatsächlich nichts dergleichen getan. Da Lyell sehr wohl von Wallaces Publikationen wußte, hatte er Darwin doch selbst darauf hingewiesen, scheint dies eine vorsätzliche Täuschung der Zuhörer- bzw Leserschaft zu sein. Dies würde auch die etwas merkwürdige Formulierung erklären, nach der beide Autoren -selbstverständlich unabhängig voneinander- gleichzeitig ihre jeweiligen Artikel bei Lyell und Hooker eingereicht hätten, so daß diesen nichts anderes übrig blieb, als beide in einer Doppellesung der Öffentlichkeit anzutragen. Verschwiegen wird hingegen, daß Darwin unredlicherweise seine Beziehungen zu Lyell und Hooker nutzte, um selbst noch schnell einen Abriß "seiner" Theorie einzubringen, wobei er sich großzügig aus Wallaces Manuskript bediente.

Vor allem aber wurde in diesem Brief von Lyell und Hooker unmißverständlich klargemacht, daß Darwin das Erstgeburtsrecht für diese Hypothese zustehen mußte, weil er bereits 1844 eine Skizze seiner Überlegungen verfaßt hatte. Diese Skizze, so wird beteuert, hatte Hooker gelesen und Darwin zur Veröffentlichung gedrängt. Der Brief an Asa Gray sollte weiter belegen, daß Darwins These seit 1857 unverändert geblieben sei. Trotz der Tatsache, daß Wallaces Manuskript eine publikationsreife und gut durchdachte Hypothese enthielt, die den skizzenhaften und höchst unvollständigen Überlegungen Darwins weit überlegen war, wurde letzteren Priorität eingeräumt: die beiden Beiträge Darwins wurden zuerst verlesen, einfach weil dies der chronologisch richtigen Reihenfolge entsprach, so Lyell und Hooker. Daß Darwins Beiträge niemals zur Veröffentlichung bestimmt waren und nicht bereits vorher veröffentlicht wurden, und Darwin daher keinen Anspruch auf die Urheberschaft der Evolutionstheorie hatte, wurde geflissentlich übergangen.

Ein weiterer Grund für die Bevorzugung Darwins war, daß die erwähnte Sitzung zunächst nicht gerade viel Eindruck hinterließ. Die wenigen Zuhörer waren wenig beeindruckt, wenngleich interessiert. Die wahre Evolutions-Euphorie wurde jedoch erst im darauffolgenden Jahr ausgelöst, als Darwins Hauptwerk "Über die Entstehung der Arten" erschien. Innerhalb kürzester Zeit waren die ersten Auflagen vergriffen. Wahrscheinlich wäre ein solches Buch ebenso erfolgreich gewesen, hätte Wallace es verfaßt, aber Wallace hatte diesen Gedanken längst aufgegeben. Nicht nur weilte er noch immer im Malaiischen Archipel, es war auch eine Folge der beschriebenen Darwin bevorzugenden Ereignisse, die Wallace dazu veranlaßt haben mußten, das Feld auf- und an jemand anderes weiterzugeben. Möglicherweise hatte er aber auch das Thema für sich abgeschlossen: er hatte die Antwort auf die Frage, die ihn so lange umtrieb, gefunden, und war nun bereit für Neues.

Das Zusammentreffen vieler für Wallace ungünstiger Ereignisse hat in der Vergangenheit unzweifelhaft dazu beigetragen, daß Charles Darwin wesentlich mehr Ruhm für die Formulierung der Evolutionshypothese erntete als Wallace selbst, auch wenn Darwins eigene Hypothese in vielerlei Hinsicht unterlegen war.
Zunächst ist es immer problematisch, wenn zwei Wissenschaftler zugleich Anspruch auf eine Errungenschaft erheben, weil oft nicht abschließend geklärt werden kann, wer seine Hypothese "zuerst" formuliert hatte. Oft genug entscheidet nicht die Erstveröffentlichung einer Arbeit über den sicheren Platz in den Annalen der Wissenschaft, sondern die Persönlichkeiten der Beteiligten. Der Dominantere (oder charakterlich weniger mit Skrupeln

Behaftete) setzt sich oft auch gegen die Tatsache durch, daß der Ruhm für eine Entdeckung eigentlich einem anderen zusteht. Ein Besispiel ist das boshafte Vorgehen Richard Owens gegen seine Rivalen Gideon Mantell und Robert Grant, nachzulesen bei Deborah Cadbury (S. 235 ff. und ab S. 294) Das ungünstigste Ereignis für Wallace war daher, daß Charles Darwin überhaupt an einer eigenen Evolutionstheorie feilte.

Weiterhin war es sicher nicht Wallaces beste Idee, sein Manuskript ausgerechnet an Darwin zu senden, denn es wäre durchaus möglich gewesen, daß dieser das Manuskript aus Angst um sein Lebenswerk vernichtet hätte. Hätte Darwin anstandshalber auf eine zeitgleiche Veröffentlichung seiner Ideen verzichtet, wäre Wallace der wissenschaftlichen Welt als Urheber der Evolutionstheorie sicher besser in Erinnerung geblieben.

Die Tatsache, daß Darwin über einflußreiche Freunde verfügte, die die Doppellesung initiierten und Darwin höhere Priorität einräumten, obwohl er diese nicht verdient hatte, trug ebenso dazu bei, daß auf letzteren beinahe den gesamten Ruhm entfiel, wie die Ereignisse nach der Sitzung: während Wallace weitere vier Jahre am anderen Ende der Welt weilte, wo sein Einfluß auf die Geschehnisse in der Heimat naturgemäß begrenzt war, stellte Darwin binnen 18 Monaten sein "Extrakt" aus dem ursprünglich geplanten "*big species book*" fertig. Dieses Buch, ergänzt durch Wallaces Ideen, ohne ihn jedoch an nennenswerter Stelle zu erwähnen, verband die Selektionstheorie endgültig mit dem Namen Charles Darwins. Die Ereignisse um die Doppellesung im Jahre 1858 wurden seither von Historikern und Naturwissenschaftlern zu Darwins Gunsten uminterpretiert, und nicht oft zum Anlaß genommen, kritisch zu hinterfragen, wieviel von dem ungeheuren Beifall, der Darwin zugedacht wurde und wird, tatsächlich gerechtfertigt ist.

Nicht zuletzt liegen einige Gründe, die Wallace als Urheber der Evolutionstheorie in Vergessenheit geraten ließen, in den Persönlichkeiten der Protagonisten selbst. Wallace nimmt in seinem 1869 erschienenen Buch "*The Malay Archipelago*" eine seltsam distanzierte Haltung zu seiner unzweifelhaft großen Leistung auf dem Gebiet der Evolutionsforschung ein. Kein Wort fällt über seine Entdeckungen und Erkenntnisse, die ihn zu den Artikeln von 1855 und 1858 inspirierten, die Artikel bleiben unerwähnt. Das Buch widmet Wallace "Charles Darwin, Autor von *"Der Ursprung der Arten"* nicht nur als einen Akt der persönlichen Wertschätzung und Freundschaft sondern auch um meine tiefe Verehrung für seinen Genius und sein Werk auszudrücken". Deutlicher geht es kaum noch: Alfred Russel Wallace tritt freudig und in tiefer Verbeugung in den Schatten eines Mannes von zweifelhafter charakterlicher Ausprägung.

Warum er das tat, wird wohl niemals eindeutig geklärt werden können, doch waren die Sympathien der wissenschaftlichen Welt bereits vor der Lesung klar verteilt, ein möglicher Anhaltspunkt. Wallace hatte vor 1858 einige Sitzungen der Linne´-schen Gesellschaft besucht und dort bei mehreren Gelegenheiten seine Paper selbst verlesen. Obwohl er also in den intellektuellen Kreisen Englands kein Unbekannter war, wurde er ob seines niedrigen sozialen Status verachtet. Die Geringschätzung Wallaces wurde innerhalb der Linne´-schen Gesellschaft offen kultiviert und zwar offenbar in einem nicht unerheblichen Ausmaß. Brooks (1984, S. 54) zitiert in diesem Zusammenhang die 1854 an die Gesellschaft gerichteten Bemerkungen des scheidenden Präsidenten Edward Newman: Newman mahnt "einige Mitglieder" der Gesellschaft deutlich ab, die es mit ihrer Bösartigkeit gegenüber Wallace offensichtlich übertrieben haben mußten. Wallace sei ein hochgeschätztes und willkommenes Mitglied, und als Insektensammler (auch als kommerzieller) auch für die Wissenschaft von essentieller Bedeutung, denn wie sollten all die ehrenwerten Taxonomen Englands sonst an die von Wallace und anderen Sammlern gefangenen exotischen Tiere und Pflanzen kommen? Die Ablehnung Wallaces durch die englische Gelehrtenschaft wird durch nichts besser illustriert als durch die Art und Weise, mit der diese Wallaces Beiträge stoisch ignorierten: Keines seiner publizierten Schriften erregte wissenschaftliche Dispute, wie fundiert und explosiv ihr Inhalt auch gewesen sein mochte. Das "Law-paper" von 1855 löste zwar eine gewisse Empörung aus, doch bezog sich diese nicht auf den Inhalt, sondern auf Wallace´ Impertinenz, als Käfersammler wissenschaftliche Hypothesen formulieren zu wollen. Und so grummelte man in den gebildeten Kreisen, solle sich Wallace lieber aufs Käfersammeln beschränken, anstatt herumzutheoretisieren.

Ein weiterer nichtbeachteter Artikel Wallaces´ über die geologische Geschichte der Aru-Inseln (1857), steckte voller nie zuvor versuchter Erklärungen der Inselstruktur und der Artenverteilung und griff damit auch das Law-paper von 1855 wieder auf. Die Aru-Inseln waren die ideale Gelegenheit, die 1855 von Wallace formulierten Hypothesen zu testen - und zu bestätigen. Wallace erntete nicht einmal Widerspruch auf seine genialen Erkenntnisse, er wurde einfach übergangen.

Drittens wagte es Wallace wiederholt, den Koryphäen der Wissenschaft zu widersprechen, wann immer seine eigenen Erkenntnisse andere Schlüsse nahelegten. Er griff vor allem Lyells Theorie an, daß nach dem Aussterben einer oder mehrerer Arten neue Arten entsprechend der herrschenden Lebensumstände speziell hierfür geschaffen wurden. Warum, so Wallace, findet man dann auf Inseln der gleichen Größe, Gestalt und Topographie und mit gleichem Klima und gleicher Vegetation so unterschiedliche Faunen wie zum Beispiel auf Neu Guinea und

Borneo, während umgekehrt die gleichen Faunen auf Neu Guinea und Australien existierten,
Orte, die in ihren Erscheinungsformen nicht unterschiedlicher sein könnten (Wallace, 1857)?
Wallace griff ebenfalls scharf die herrschende Meinung der Ethnologen an, die Bevölkerung
der Gewürzinseln betreffend. Entgegen der wissenschaftlich anerkannten Aussagen Lathams,
Prichards und anderen stellte Wallace fest, daß es keine Übergangsformen zwischen Malaien
und Papuaner gibt, und daß Gilolo nicht der Ort war, auf dem diese Übergangsformen
beheimatet waren, sondern völlig von Papuanern bevölkert war. Ethnologen, die niemals
reisten und Monate unter den Völkern ihres wissenschaftlichen Interesses zubrachten, so
Wallace, mußten aufgrund ihrer flüchtigen Beobachtungen hinsichtlich der Rassenmerkmale
dieser Völker zwangläufig zu Fehlschlüssen kommen (Brooks, 1984, S. 164).
Diese fortwährenden Korrekturen anerkannter Wissenschaftler durch einen sozial niedrig
gestellten kommerziellen Sammler ohne vernünftige akademische Vorbildung mußten den
meinungsbildenden europäischen Wissenschaftlern wie Gotteslästerung vorgekommen sein
und trugen sicherlich nicht dazu bei, Wallace in ihren Kreisen zu etablieren.

Es ist unwahrscheinlich, daß das wissenschaftliche Klima des Jahres 1858 Wallace in
irgendeiner Form wohlgesonnen war, zudem hatte dieser die ständigen Demütigungen und die
Ignoranz, die ihn oft schwer enttäuscht hatte, wohl kaum vergessen. Wallace schien seine
Chancen auf Ruhm und Ehre realistisch eingeschätzt zu haben. Angesichts der Tatsache, daß
gleichzeitig ein wesentlich geachteter Gelehrter mit der gleichen Hypothese an die
Öffentlichkeit getreten war, Wallace weder Einfluß auf die Ereignisse um die Lesung im Juli
1858 nehmen, noch an den Diskussionen um Darwins 1859 erschienenem Werk teilnehmen
konnte, war er von vornherein in einer für ihn ungünstigen Ausgangslage. Als Wallace 1862
nach England zurückkehrte, galt Charles Darwin als Begründer der Selektionstheorie.
Wallace selbst tat zu Lebzeiten nichts, die Wahrheit ans Licht zu bringen. Niemals
reklamierte er für sich die Urheberschaft der Evolutionshypothese, und es bestand in den
wissenschaftlichen Kreisen sicherlich kein Anlaß, den Fehler zu korrigieren: man hatte seinen
Helden längst gefunden.
Es mag negativ zu Wallaces Image beigetragen haben, daß er sich in seinen späten Jahren
dem Spiritualismus zuwandte, gegen die Pockenimpfung zu Felde zog und sich für
Frauenrechte einsetzte. In den Augen nicht weniger Zeitgenossen raubte ihm das den letzten
Rest wissenschaftlicher Glaubwürdigkeit (Jahn et al, 2000, S. 364).
Darwin wiederum tat "offiziell" nichts für, aber ganz offensichtlich auch nichts gegen diese
Ungerechtigkeit. Er mußte sich nicht anstrengen, die ganze Ehre an sich zu reißen, das

geschah auch ohne sein Zutun. Darwins halbherzigen Bemerkungen pro Wallace waren nicht nur dünn gesät (wie in seinem Opus des Jahres 1859, der "Entstehung der Arten"), sondern auch äußerst knapp gehalten, so daß nie die Gefahr bestand, sie könnten dazu beitragen, seinen eigenen Ruhm zu schmälern.

Zusammenfassung

Neben den historischen Ursachen für die weit verbreitete Praxis, Wallace als Urheber der Evolutionstheorie zu übersehen, gibt es noch eine Reihe Gründe, die in der Persönlichkeit der Beteiligten lagen.

Darwin zeichnete sich hierbei durch eine gewisse Skrupellosigkeit aus, da es ihm keine besonderen Schwierigkeiten bereitete, durch Manipulation einflußreicher Personen, die ihm wohlgesonnen waren, Wallace das alleinige Erstveröffentlichungsrecht zu nehmen. Wallace hingegen verehrte Darwin sein ganzes Leben hindurch zutiefst, wenn er auch in wichtigen Punkten oft anderer Meinung war. Wallace schien die "Lösung", die Lyell, Hooker und Darwin in der Doppellesung gefunden hatten, sofort akzeptiert und niemals angefochten haben. Der Grund dafür scheint zuindest teilweise in den Erfahrungen zu liegen, die Wallace bis zur Veröffentlichung seines berühmten Ternate-Aufsatzes mit der wissenschaftlichen Öffentlichkeit in England gemacht hatte: Dort war er als "Ungebildeter" von sozial niedrigem Status meist auf Verachtung und Ablehnung gestoßen, während seine Beiträge stets ignoriert wurden.

Dies zeigt, daß die persönlichen Gründe für die fehlende Anerkennung Wallaces im hier diskutierten Zusammenhang einen nicht unerheblichen Anteil einnahmen.

4. Zusammenfassung

Die Theorien Darwins und Wallaces zur Entstehung der Arten stellen eine Duplizität dar, wie es sie in der Geschichte der Biologie vorher und seitdem nie mehr gegeben hatte. Darwins großes Werk "Über die Entstehung der Arten...", das mehr als ein Jahr nach der Veröffentlichung der Aufsätze erschienen, trägt zwar zusätzlich eine riesige Fülle an belegendem Datenmaterial zusammen, dies ändert aber nichts an der simultan herbeigeführten Urheberschaft beider Wissenschaftler: Wallace ist ebenso wie Darwin Urheber der modernen Evolutionstheorie und daher gebührt ihm mindestens ebensoviel Ehre wie Darwin, im Hinblick auf die Qualität seiner Hypothese vielleicht sogar mehr.

Wallace´s Aufsatz von 1858 umfaßt alle wichtigen, auch von Darwin genannten Punkte, die Erklärungen sind jedoch plausibler, klarer und haben sich letztendlich als beständiger erwiesen (siehe Kapitel 1). Die Erklärungen Darwins sind lückenhaft, vage, oft unzutreffend, wichtige Passagen sind bei Wallace abgeschrieben (vgl. Kapitel 2).

Wallace hat zwar keinen umfangreiches Buch zum Thema mit Unmengen von Belegen vorgelegt, aber auch Darwin hat dies erst mehr als ein Jahr später getan, wobei die Belege aus der Arbeit von etwa zwanzig Jahren stammen und teilweise nur bedingt geeignet sind, die Theorie zu untermauern. Dies betrifft alle Beispiele aus der Tierzucht, da hier niemals neue Arten entstehen: alle heute existierenden Haushundrassen, so unterschiedlich sie auch sind, gehören zu derselben Art: *Canis lupus*.

Zum Zeitpunkt der Erstveröffentlichung der Evolutionshypothesen Wallaces und Darwins 1858 hatten beide Wissenschaftler Beiträge von in etwa gleichem Umfang verlesen lassen, die Frage nach der Urheberschaft der Hypothese wird von dem 1859 veröffentlichten Buch Darwins daher nicht berührt. Auch die Datenfülle, mit der Darwin seine Ansichten später unterstützte, macht die Selektionshypothese nicht besser oder wahrer, und ist daher belanglos für eine Beurteilung, wer von den beiden nun die "bessere Arbeit" geleistet, wer die "bessere Hypothese" formuliert hat. Hier müssen einzig die Originalarbeiten herangezogen werden, und diese geben Alfred Russel Wallace den klaren Vorzug vor Charles Darwin.

Neben den rein fachlichen Gründen wurden weitere Anhaltspunkte diskutiert, die darauf hinweisen, warum trotz der besseren Qualität der Wallaceschen Theorie Darwin fast den ganzen Ruhm erntete.

Hier zeigte sich, daß besonders die von Darwin entfalteten Aktivitäten, nachdem er den Aufsatz Wallaces von 1858 erhalten hatte, zu seiner Bevorzugung führten. Diese Aktivitäten führten zu der Veranstaltung einer Doppellesung im Juli 1858, auf der Darwin trotz mangelhaften Materials Priorität eingeräumt wurde und gipfelten in der Publikation eines kurzen Auszugs seiner Arbeit im November 1859. Diese Arbeit ist unter dem Titel "Die Entstehung der Arten durch natürliche Zuchtwahl" bekannt geworden und wurde ein voller Erfolg. Erst mit diesem Buch trat die Evolutionshypothese ihren Siegeszug in der Naturwissenschaft an, und damit auch die Person Charles Darwins. Ohne Wallace wäre dieses Buch womöglich nie geschrieben worden, ohne Darwin sprächen wir heute von der Wallaceschen Evolutionstheorie.

Letztlich wurden diese Vorgänge auch von den Persönlichkeiten der Beteiligten, Wallace eingeschlossen, unterstützt. Die Gier nach Ruhm, eine gewisse Charakterschwäche und möglicherweise Schlimmeres ist Charles Darwin anzulasten. Seine Freunde Lyell und Hooker besaßen die Macht und den Einfluß, die Ereignisse in für Darwin günstige Bahnen zu leiten, wenngleich sie wußten, daß sie vorsätzlich unrechtmäßig handelten (vgl. hierzu den einleitenden Brief Lyells und Hookers, Juli 1858, zu finden unter www.inform.umd.edu/PBIO/darwin/dw01.html).
Die wissenschaftliche Öffentlichkeit wiederum konnte mit den ihr präsentierten "Fakten" gut leben und zweifelte sie bis heute so gut wie niemals an. Auch Wallace tat, so seltsam das scheinen mag, nichts gegen diese einseitige Beweihräucherung Darwins. Als er nach England zurückkehrte, im Jahre 1862, hatte sich die größte Aufregung bereits gelegt, Darwin als alleiniger Urheber der Evolutionshypothese anerkannt und verehrt. Wallace schloß sich dieser Verehrung an, es war aus seiner Sicht vermutlich die bestmögliche Option, als guter Verlierer dazustehen.

Eine hinreichende Analyse aller Hinweise und Anhaltspunkte zur Frage, ob Wallace ebensoviel Ruhm zusteht wie Darwin, muß zu dem Schluß kommen, daß es eine einseitige Bevorzugung Darwins gab, daß die ungleiche Behandlung nicht auf fachliche Gründe hinsichtlich einer minderen Qualität von Wallaces Ausführungen zurückzuführen ist, und daß Darwin selbst nicht der ehrenhafte Held der Geschichte war, für den er heute gehalten wird.

Literatur

Storch, V., Welsch, U., Wink, M.: "Evolutionsbiologie", Springer, Heidelberg 2001

Darwin, C.: "Die Entstehung der Arten durch natürliche Zuchtwahl", Reclam, Stuttgart 1961

Brooks, J. L.: "Just before the Origin: Alfred Russel Wallaces Theory of Evolution",
Columbia University Press, New York 1984

Wallace, A. R.: "The Malay Archipelago", 10th Edition, Periplus, Singapur 2000

Wallace, A. R.: "The Wallace reader: a Collection of Writings from the Field", Johns Hopkins
University Press, Baltimore 2002

Wallace, A. R.: "On The Law Which Has Regulated The Introduction Of New Species", in:
Annals and Magazine of Natural History, Bd. 16, September 1855

Jahn, I. et al (Hrsg.): "Geschichte der Biologie", Spektrum, Heidelberg 2000

Quammen, D.: "Der Gesang des Dodo", Ullstein, München 2001

Cadbury, D.: "Dinosaurierjäger", Rowohlt, Hamburg 2001

Maggioncalda, A. N., Sapolsky, R. M.: "Der Sexualtrick der jungen Orang-Utans", in:
Spektrum der Wissenschaft, September 2002, S. 26-32

Lewin, R.: "Die Molekulare Uhr der Evolution", Spektrum, Heidelberg 1998

Wehner, W., Gehring, W.: "Zoologie", Thieme, Stuttgart 1995

Margulis, L., Sagan, D.: "Leben - Vom Ursprung zur Vielfalt", Spektrum, Heidelberg 1999

de Duve, C.: "Ursprung des Lebens - Präbiotische Evolution und die Entstehung der Zelle",
Spektrum, Heidelberg 1994

Stanley, S. M.: "Wendemarken des Lebens", Spektrum, Heidelberg 1998

Internet-Seiten:

1. "The Darwin-Wallace 1858 Evolution Paper": enthält die Beiträge zur Doppellesung im
Juli 1858.
www.inform.umd.edu/PBIO/darwin/dw01.html (31.01.2003)

2. "The Alfred Russel Wallace Page": enthält umfangreiche Dokumente, Briefe, Aufsätze
Wallaces, u.a.
2a. "On the Law Which Has Regulated the Introduction of New Species", Wallace, Sarawak,
1855
www.wku.edu/~smithch/wallace/S020.htm (31.01.2003)

BEI GRIN MACHT SICH IHR WISSEN BEZAHLT

- Wir veröffentlichen Ihre Hausarbeit,
  Bachelor- und Masterarbeit

- Ihr eigenes eBook und Buch -
  weltweit in allen wichtigen Shops

- Verdienen Sie an jedem Verkauf

Jetzt bei www.GRIN.com hochladen
und kostenlos publizieren